L'ART D'ENGRAISSER
LES BOEUFS, LES VACHES
ET LES VEAUX

AVEC ÉCONOMIE DE TEMPS ET DE NOURRITURE

Contenant :

LA MANIÈRE DE RECONNAITRE LES ANIMAUX QUI ONT LE PLUS D'APTITUDE A L'ENGRAISSEMENT ;
LES MOYENS DE FAVORISER L'ENGRAISSEMENT, SOIT AU PATURAGE, SOIT A L'ÉTABLE ;
LES ALIMENTS LES PLUS PROPRES A L'ENGRAISSEMENT ;
LA MANIÈRE DE LES PRÉPARER ET DE LES DONNER SUIVANT L'ÉTAT DE GRAISSE AUQUEL EST PARVENU L'ANIMAL ;
LES SIGNES EXTÉRIEURS DE L'ENGRAISSEMENT ; LES BÉNÉFICES DE CETTE INDUSTRIE ;
UNE MÉTHODE FAISANT CONNAITRE LE POIDS BRUT ET LE POIDS NET DES ANIMAUX SUR PIED SANS RECOURIR A DES PESÉES.

PAR J. BAURIN

Engraisseur.

Prix : 50 centimes.

PARIS
CHEZ TISSOT, LIBRAIRE
RUE DE LA HARPE, 39.

—

1852

INTRODUCTION

On appelle engraissement une opération agricole qui consiste à soumettre les animaux destinés à la consommation à un régime et à des soins propres à augmenter la quantité de leur graisse, et à rendre leur chair plus abondante, plus tendre et plus savoureuse. L'extension considérable que prennent chaque jour les différentes graisses animales démontre suffisamment aux propriétaires de bestiaux l'avantage qu'il y a pour eux de chercher, par tous les moyens possibles, d'y parvenir le plus promptement et le plus économiquement.

Sous le rapport de l'agriculture et de l'économie sociale, l'engraissement des bêtes bovines est beaucoup plus important que celui de tous les autres animaux domestiques réunis ; car il fournit la viande, qui occupe la première place parmi les denrées de consommation alimentaire qui forme la nourriture la plus réparatrice; il est la première source de la production des engrais, et peut s'exercer dans la plupart des situations culturales.

Cependant, quoique cette industrie soit une des branches les plus importantes de l'économie du bétail, peu de personnes la mettent en pratique, et il en résulte que nous consommons peu de viande de boucherie, et que nous sommes encore forcés, malgré cette exiguë consommation, d'avoir recours à l'étranger. Il nous fournit aussi pour des sommes énormes d'autres produits de bêtes bovines, tels que cuir, tant vert que tanné, suif, etc.

Si l'agriculture, en Angleterre, est si supérieure à la nôtre, c'est parce qu'on y engraisse plus de bétail, et qu'on y consomme plus de viande. En effet, pour obtenir des moyens d'engraissement sur une si grande échelle, il a fallu étendre dans ce pays la culture des fourrages; et, pour y parvenir, on a varié les genres de culture; on a supprimé les jachères, et les terres emblayées, recevant plus d'engrais, ont donné 10 à 12 pour 1 au lieu de 5 à 6, comme elles le font en France. C'est ainsi que tout se lie, tout s'enchaîne dans l'économie rurale.

Il ne faut cependant pas conclure de là qu'il faille se jeter en aveugle dans cette opération, en vue de réaliser de grands bénéfices. L'industrie de l'engraissement est profitable sans doute quand l'opération est bien dirigée; néanmoins, ce n'est pas dans toutes les localités, même abondantes en fourrages, qu'il convient de s'y livrer; on doit s'en abstenir, rigoureusement parlant, où les fourrages sont chers et où la consommation du lait est grande, comme, par exemple, dans les environs de Paris, de Lyon et autres grandes villes.

Suivant les expériences faites en Angleterre, en donnant à un bœuf à l'engrais 20 kilog. de foin par jour, ou bien une quantité équivalente d'une autre nourriture, on parvient à augmenter son poids de 1 kilog. tous les jours. Ainsi, pour obtenir 1 kilog. de viande, valant environ 1 fr., il faudrait faire consommer à ce bœuf 20 kilog. de fourrage, qui, aux environs des grandes villes, valent approximativement 2 fr.; il y aurait donc une perte de 1 fr. par jour. Il est vrai que l'on peut mettre en ligne de compte le fumier, et celui des bêtes à l'engrais est abondant et succulent. Mais, pour faire ce fumier, il faut de la litière, et la paille est chère aux environs des grandes villes; il faut également des soins, et la main-d'œuvre y coûte fort cher. On peut, d'un autre côté, s'y procurer à peu de frais de grandes quantités de fumier provenant des écuries, du nettoiement des rues, etc.

C'est donc à l'industrie de la laiterie qu'il convient de se livrer dans ces localités-là : une vache qui mangera 20 kilog. de fourrage donnera 10 litres de lait valant 2 fr., résultat plus que du double de celui que l'on pourrait espérer de l'industrie de l'engraissement. Mais cependant, quelle que soit l'exactitude de ces calculs, plusieurs circonstances peuvent les faire varier : d'abord les qualités lactifères de la vache (1) ; en second lieu, l'aptitude de l'animal à l'engraissement, et ensuite le plus ou moins de soins que recevront ces animaux.

Dans les localités où le fourrage est abondant, et où on le vend à bas prix, on peut y engraisser avec de grands avantages les bêtes bovines ; les bêtes étant grosses se rendent elles-mêmes, à une grande distance, au lieu de consommation, tandis que le lait en nature doit être consommé à proximité du lieu où il a été produit. Au reste, les localités où le lait se vend en nature sont fort restreintes ; elles ne s'étendent guère en effet au-delà de la banlieue des villes.

Cependant, au moyen du transport si rapide par les chemins de fer, la vente de ce liquide tend chaque jour à s'étendre au delà de ces limites, surtout pour la consommation de Paris ; aussi le prix, dans cette ville, n'est plus le même aujourd'hui : la baisse qu'il a éprouvée, par suite de ces communications, est légère à la vérité, mais elle ne peut manquer de devenir de plus en plus grande, non-seulement à Paris, mais dans toutes les villes placées dans les mêmes conditions. Tout fait supposer qu'à une époque très-rapprochée, il n'y aura pas plus de bénéfices dans une localité que dans l'autre à convertir le fourrage en lait qu'en viande.

On peut calculer qu'un bœuf mis à l'engrais consomme, terme moyen, pendant cette opération, à peu près autant de fourrage qu'une vache pendant toute l'année ; de même, la quantité de fumier que l'on obtient d'un bœuf, durant le temps de son engraissement, est égale à celle qu'une vache fournit pendant toute l'année, et ce fumier est peut-être de meilleure qualité.

Avant de se prononcer sur une de ces deux industries, il est

(1) Voyez l'*Art de choisir les Vaches Laitières par la nouvelle méthode contrôlée par l'ancienne*, par V. Villet.

nécessaire de connaître les produits qui peuvent s'écouler le plus facilement sur les lieux ; car il y a toujours plus de chance d'obtenir des bénéfices quand on est fixé d'avance sur le prix approximatif de la marchandise que l'on se propose de vendre.

Lorsque, tout calcul fait, on ne juge pas qu'il soit avantageux de faire de l'engraissement la base de l'économie du bétail, cette opération pourra cependant être utile comme branche accessoire. Si une fois on a appris à connaître et à organiser toute l'économie de l'engraissement, on pourra toujours disposer avec facilité la quantité de bêtes que l'on doit engraisser, d'après la quantité de fourrage que l'on récolte.

L'ART D'ENGRAISSER

LES BŒUFS, LES VACHES

ET LES VEAUX

CONFORMATION INDIQUANT LE PLUS D'APTITUDE DES BŒUFS A L'ENGRAISSEMENT.

Celui qui veut entreprendre d'engraisser beaucoup de bétail doit, pour le faire avec un grand avantage, chercher à acquérir de l'expérience dans la connaissance et l'appréciation des animaux destinés à la consommation. Il faut, pour le choix du bétail et son évaluation, un certain coup d'œil, et, plus encore, un certain tact dans la main, qui ne peuvent être acquis que par une longue pratique. Les Anglais, qui mettent tant de soin à perfectionner tout ce qu'ils font, sont si persuadés de la capacité plus ou moins grande de certains bœufs à prendre de la graisse, qu'ils ont formé des races uniquement pour l'engrais, races dont ils sont fiers, et dont ils permettent difficilement la sortie. Ils ont été plus loin, car ils sont parvenus à faire perdre la graisse principalement dans les parties du corps qui sont regardées par les consommateurs comme les meilleurs morceaux. C'est ainsi que Bakewell a montré à Londres un bœuf dont l'aloyau était démesurément gras, tandis que le reste de sa chair l'était moins qu'à l'ordinaire. Pour arriver à un pareil résultat, il a fallu allier ensemble, dans une longue suite de générations, les bêtes bovines à gras aloyaux, et apporter à cet appareillement une infatigable persévérance.

Les bœufs qui prennent le mieux la graisse offrent les caractères suivants :

Charpente légère, c'est-à-dire des os peu volumineux, tête fine et légère, un peu longue; membres fins dans le bas; yeux saillants, regard doux, assuré, en quelque sorte féminin, même chez les mâles; cornes courtes, lisses, blanchâtres ou semi-transparentes; encolure courte, peu chargée, la chair de cette partie, nommée viande de collet, étant peu estimée; poitrail évasé, poitrine ample; épaules rondes; dos large et horizontal; corps allongé; côtes amples, arrondies; flancs pleins; ventre volumineux, et qu'on appelle un bon dessous; forme de corps à peu près cylindrique; reins larges; fesses bien charnues; hanches, croupe et cuisses également volumineuses, ce qui annonce la prédominance de l'arrière-main, dont les parties offrent une meilleure viande de boucherie; extrémités aussi courtes, aussi menues que possible. Bakewell s'attachait à ce caractère d'une manière toute particulière: *peau douce, souple, flexible, élastique, se détachant facilement; poils longs, brillants, clairs, moelleux; veines superficielles apparentes.* Il faut qu'après la saignée l'épingle destinée à former l'ouverture de la veine traverse la peau avec facilité; et, pour mieux saisir ce signe, il y a des engraisseurs qui saignent exprès.

Tels sont les signes qui indiquent les meilleures bêtes pour l'engraissement, celles qui, destinées à la boucherie, payeront le mieux leurs frais d'entretien.

L'expérience a conduit à rechercher, pour ce but, des sujets doués d'une *charpente osseuse* peu volumineuse, proportionnellement à la grandeur du corps; c'est une marque de perfectionnement de race dans toutes les espèces.

Une tête et un cou de peu de volume, car la tête est le rebut pour la boucherie. Moins il y a de pièces de mauvaise qualité dans le poids de l'animal, comparativement aux autres, plus il est supérieur. — Le cou donne une qualité de viande peu estimée, c'est donc un défaut qu'un cou très-puissant.

Assez communément *des cornes courtes, blanchâtres,* s'allient à une structure osseuse, légère. — Une peau douce au toucher se trouve aussi presque toujours unie à une charpente peu massive, et des poils moelleux recouvrent ordinairement une peau fine.

Une poitrine ample est la marque d'une disposition à se bien nourrir et à bien profiter de la consommation, et cela est de la première nécessité, à quelque destination que soit appliqué un animal.

Un dos, des reins et un corps longs, sur une ligne droite, sont recherchés dans l'espèce bovine pour le travail comme pour la boucherie.

On estime peu les animaux qui ont le regard hardi, sauvage; cela dénote un caractère peu disciplinable.

Les bœufs hauts sur jambes et minces de corps sont mal disposés par cette organisation pour le service de la boucherie.

Certains bœufs se refusent à l'engraissement, et même sans défectuosités apparentes et sans signes de maladie : on les nomme en quelques pays *bêtes brûlées.* D'autres ne s'engraissent qu'à force de temps et de dépenses : tels sont ceux qui sont fort maigres ou parce qu'ils sont trop vieux, ou qu'ils ont trop travaillé, ou n'ont pas été suffisamment nourris. Dans tous les cas, plus la maigreur est ancienne, plus il est difficile de la réparer. Afin de déterminer ensuite l'engraissement, et pour parvenir successivement à ce double résultat toujours douteux, il faut trop de temps et de dépenses pour qu'on doive tenter l'opération; on le devrait encore moins si l'animal manifestait quelques symptômes de maladie chronique, ou seulement une constitution valétudinaire. Il est des signes généraux de l'un comme de l'autre de ces états : la marche est nonchalante, la tête basse, les yeux enfoncés, le regard fixe, le mufle sec, un peu humide ; les muqueuses apparentes d'un blanc mat ou légèrement jaunâtre; la peau sèche, adhérente ; les poils piqués s'arrachent facilement; l'épine du dos inflexible ou trop mobile, quand on la presse fortement avec la main.

INFLUENCE DE L'AGE SUR L'ENGRAISSEMENT.

L'âge auquel il convient de livrer le bœuf à l'engrais est ordinairement fixé d'après des considérations indépendantes du succès de l'opération : c'est ainsi que, dans les pays où ces animaux labourent, on les garde jusqu'à douze ou même quinze ans, quand ils se montrent bons travailleurs ; les autres sont dételés beaucoup plus tôt. En Angleterre, où ce sont principalement les bêtes chevalines qu'on emploie à la culture, et où de nombreuses races bovines sont élevées exclusivement pour la boucherie, on ne laisse guère vivre les bœufs au delà de quatre ans. On a ainsi, dans l'espace de douze ans, sur une population bovine donnée, trois bœufs à consommer au lieu d'un. On n'a pas dépensé plus de fourrage, on a obtenu presque autant de fumier; on a perdu, à la vérité, du travail, mais on met en Angleterre beaucoup plus d'importance à la viande qu'au labour des bœufs ; les races qu'on y a créées s'engraissent mieux, plus tôt et avec plus d'économie que les nôtres.

Il est prouvé que la nourriture forme la graisse, avec l'excédant des sucs nourriciers, qui servent à augmenter la masse du corps des animaux, ou à réparer les pertes qu'ils éprouvent pendant tout le cours de leur vie.

En effet, un bœuf, dont le développement n'est pas complet s'il ne prend pas, à l'engrais, de la viande et de la graisse, en proportion de l'augmentation du corps, c'est parce que la nutrition se porte sur les os, les ligaments, les membranes et autres parties du corps de peu de valeur. De là, on doit conclure que l'engraissement doit être plus long et plus difficile dans la jeunesse et dans la vieillesse des animaux, et que le véritable moment à choisir est celui où ils cessent de croître.

Quoique gras en dehors, les bœufs, engraissés avant que leur croissance soit complète, le sont peu en dedans, et ils ont peu de suif. Cette substance est chez eux peu compacte ; elle est mêlée avec beaucoup de gélatine et de tissus adipeux : aussi fait-elle, en fondant, un grand déchet. La viande, quoique de bon goût, est moins nutritive, moins tonique ; le cuir est moins ferme ; il n'est pas mûr aux yeux des tanneurs, qui, à égalité de poids, le payent moins cher.

C'est de quatre à huit ans qu'il convient de mettre le bœuf à l'engrais ; après cet âge, l'opération devient de plus en plus difficile. Le tissu adipeux perd de son élasticité ; les alvéoles se rétrécissent, ils s'effacent ; la viande durcit, le suif jaunit. Ce qu'on nomme le *fin gras* est à peu près impossible, et souvent même l'opération manque entièrement.

INFLUENCE DE LA TAILLE SUR LE CHOIX DES BŒUFS DESTINÉS A L'ENGRAISSEMENT.

La taille des animaux que l'on veut engraisser doit être proportionnée à la richesse des pâturages où on les met à l'engrais, ou à la quantité de nourriture qu'on peut leur donner à l'étable. Si l'on n'a à sa disposition que des prairies peu fertiles, on ne peut livrer à l'engrais que des bêtes de petite taille, car les bêtes colossales n'auraient pas le temps d'y prendre la masse de nourriture qu'elles doivent convertir en graisse ; mais, quand l'herbage est très-succulent, ou, mieux, quand on peut nourrir abondamment à l'étable, est-ce avec un grand bœuf ou deux petits que l'on dépensera moins et que l'on obtiendra plus. Il a été reconnu en Angleterre que, le plus souvent, les bêtes de petites races s'engraissent plus facilement que celles des grosses races ; il y a lieu de penser, d'après un certain nombre de faits, qu'il en est de même en France. Doit-on en conclure que, dans tous les cas, il est plus avantageux de choisir, pour mettre à l'engrais, des bêtes de petite taille? Le résultat est le même, selon M. Mathieu de Dombasle, étant selon lui assez indifférent d'obtenir une certaine quantité de viande en un ou deux bœufs ; car cette viande a été produite, dans les deux cas, par la même quantité de nourriture, toutes choses égales d'ailleurs. M. Victor Yvart, dont l'autorité est d'un si grand poids dans l'économie rurale, pensait que deux petits bœufs de 250 kilog. consommaient ensemble plus qu'un bœuf unique de 500 kilog., et ne donnaient pas plus de fumier, dans la même proportion. — Il soutenait qu'en réunissant les squelettes des deux petits bœufs, leurs estomacs, leurs intestins, toutes les issues, tous leurs rebuts, on a une masse notamment plus considérable que celle de ces mêmes matières tirées d'un gros bœuf unique; celui-ci, quoique ne pesant qu'une fois plus, donne au delà du double en viande et en suif.

M. Grognier nous apprend que les bouchers de Lyon payent plus cher un bœuf gras de Bresse ou du Charolais, du poids de 600 kilog., que deux petits bœufs engraissés autour de Lyon, pesant chacun 300 kilog.; ils regardent comme d'égale qualité la viande de l'un et celle des autres, et ils préfèrent, comme étant plus ferme, le suif du premier. Quant aux cuirs, comme ils se vendent au poids, et que ceux des grands animaux sont nécessaires dans beaucoup de manufactures, l'avantage est encore, sous ce rapport, en faveur des gros bœufs.

En résumé, partout où l'on a à sa disposition de gras pâturages ou une abondante nourriture à donner à l'étable, on doit préférer les grosses races pour l'engraissement.

MOYENS DE FAVORISER L'ENGRAISSEMENT.

Ces moyens sont ceux sous l'influence desquels la sensibilité s'émousse, la circulation se ralentit, l'énergie musculaire s'affaiblit, les sécrétions diminuent. On peut compter, parmi ces moyens : la castration, le repos, le silence, l'obscurité, la chaleur humide, la saignée.

Mais, de toutes les circonstances qui peuvent favoriser l'engraissement, la castration des animaux que l'on y soumet est sans contredit la principale. Dès les temps les plus reculés, on a fait subir cette mutilation aux animaux mâles destinés à la nourriture de l'homme. Ce n'est que dans les temps modernes qu'on s'est avisé de châtrer les femelles. Ce moyen est éminemment propre à augmenter la puissance digestive et assimilatrice en atténuant les forces nerveuses, sanguines et musculaires.

Ce but s'obtient difficilement lorsqu'on châtre tard et incomplétement; c'est pour cela que les taureaux que l'on châtre par bistournage conservent encore parfois trop du caractère de leur sexe, et prennent plus difficilement la graisse que ceux auxquels on a enlevé tout à fait les testicules. Ce dernier moyen doit donc être employé de préférence à l'égard des animaux qui sont spécialement destinés à la boucherie. Lorsque l'on châtre après le développement de la puberté, il faut mettre un intervalle de six mois au moins entre l'opération et l'engraissement, pour donner à l'animal le temps de perdre la chair de taureau; cet intervalle sera plus grand s'il a été employé à la reproduction.

Le repos, le silence, l'obscurité, une chaleur humide, sont

plus faciles à obtenir à l'étable qu'au pâturage; aussi l'engraissement est-il toujours plus facile, plus prompt, plus complet, sous le régime de la stabulation (de pouture).

Dans le Limousin et en Allemagne, les étables destinées à recevoir les animaux à l'engrais sont souvent pourvues d'une galerie extérieure percée de trous pratiqués vis-à-vis de la mangeoire de chaque animal; c'est par ces ouvertures que l'on donne la nourriture aux bœufs, sans troubler en aucune manière leur repos. On n'entre dans l'étable qu'une fois par jour pour mettre de la nouvelle litière, et on ne fait sortir les animaux qu'une fois par semaine, pendant une ou deux heures, au milieu du jour, pour leur faire respirer l'air du dehors et avoir le temps d'enlever le fumier. Dans une étable où il ne pénètre que peu de lumière, les bœufs, placés chacun dans une stalle, où ils jouissent de la plus complète tranquillité, sont presque toujours couchés sur la litière pour ruminer, digérer et dormir; ils ne se lèvent que pour prendre de nouveaux aliments. Quand ces animaux sont dégoûtés, le nourrisseur qui, à travers le guichet, leur présente la nourriture, se met à chanter, et les bœufs mangent; le chanteur (noteur) s'arrête-t-il, les bœufs blasés cessent de manger, et ils recommencent avec le chantre.

Ce ne sont pas les animaux qui mangent davantage et le plus vite qui s'engraissent le plus promptement : ce sont ceux qui mangent peu à la fois, souvent et lentement. Il faut que la digestion soit complète pour que la faim renaisse, et, toutes choses égales d'ailleurs, un animal qui a mangé deux fois plus qu'un autre a besoin de trois fois plus de temps que cet autre pour digérer ce qu'il a mangé. Donner peu à la fois et souvent doit donc être le principe de tout bon engraissement.

Dans l'engrais à l'herbe, il suffit de laisser les animaux dans les enclos abondants en herbe, et où ils ne soient troublés par rien; la vue fréquente de personnes inconnues, les aboiements des chiens, les coups, suffisent pour retarder l'engraissement. On se rappelle, dans la vallée d'Auge, en Normandie, une année où l'engraissement ne réussit pas, parce que des ouvriers, qui travaillaient pour le compte du gouvernement, passaient continuellement à travers les herbages.

Cette méthode est la plus longue et la plus incomplète; elle permettrait difficilement d'augmenter la quantité de graisse, lorsqu'elle est parvenue au degré ordinaire, si l'on ne cherchait pas à arriver à ce but en saignant l'animal pour l'affaiblir, et disposer sa fibre à se relâcher.

La saignée favorise encore l'engraissement, en facilitant l'absorption des principes nutritifs et en procurant une réparation supérieure à la perte. On saigne au commencement de l'engrais et dans le courant de ce régime.

On dit qu'en Angleterre, pays où l'engraissement des bœufs est beaucoup plus perfectionné qu'en France, on entoure la tête et le corps des animaux de deux et même trois couvertures de laine, qui les tiennent toujours en moiteur et qui les empêchent complétement de voir et d'entendre. En France, on met les animaux dans des étables basses et peu éclairées; mais généralement on n'y surveille pas assez la température, qui doit être chaude et humide. Une atmosphère saturée de vapeur d'eau favorise l'engraissement, en donnant de la souplesse et de la mollesse à la peau et aux fibres, et en s'opposant à la transpiration des bêtes qui y respirent; cette transpiration, ne pouvant se dégager, reste dans les tissus, et contribue au développement et à l'accumulation de la graisse.

ENGRAISSEMENT AU PATURAGE.

Les nourrisseurs de Normandie divisent leurs herbages de graisse en enclos, dans lesquels ils mettent leurs animaux, parce qu'ils ont reconnu que cette division était celle qui favorisait le plus la repousse de l'herbe. On regarde comme un avantage l'inégalité de fertilité dans les diverses parties de la prairie, afin que les bêtes pâturent successivement les médiocres, les bonnes, les excellentes. Dès lors on a peu à craindre, d'un côté, que des bêtes, accoutumées à travailler beaucoup et à être peu nourries, prennent des indigestions ou se trouvent tout à coup oisives dans de gras pâturages; et, de l'autre, que des bœufs presque gras et devenus fort difficiles sur leurs aliments, ne se dégoûtent et ne cessent de manger à la vue d'une nourriture inférieure à celle qu'ils viennent de quitter. On ne doit pas mettre plus de cinq à six bêtes dans chaque division. L'herbe la plus courte aura au moins 15 centimètres; si l'herbage était sans eau, il faudrait mener, au petit pas, les bêtes boire à la source la plus près, et, pour peu que la source fût éloignée, l'engrais serait long et difficile. Les bêtes soumises à ce régime doivent marcher le moins possible. Dehors comme dedans, les bêtes qu'on engraisse sont tourmentées par des démangeaisons; et quand il n'y a pas, au pâturage, des arbres contre lesquels elles puissent se frotter, il faut y planter des pieux.

L'engraissement, dans les prairies très-fertiles, telles que celles de la Normandie et du Charolais, dure rarement moins de cinq mois; le plus souvent, il est plus long, et il ne peut quelquefois se terminer qu'à l'étable.

Les bœufs gras, dits d'*hiver*, qui sortent de la Normandie pour la consommation de Paris, avaient été mis dans de riches pâturages en automne; on leur y a porté du foin, on les a recueillis à l'étable pendant l'hiver, ils ont ensuite consommé l'herbe du printemps : l'engraissement a duré huit mois. D'autres bœufs, en ce pays, ont été introduits aux pâturages au printemps et en été, et ils s'y sont engraissés en six mois. Dans le Charolais, les bœufs sont, vers la fin de mars, mis dans les prés d'*embauche*; ils en sortent, vers la fin d'août, pour l'approvisionnement des boucheries de Lyon. Il est, dans la partie de la Vendée nommée *Marais*, des bœufs qui ne restent pas moins de deux ans à l'engrais.

ENGRAISSEMENT A L'ÉTABLE OU DE POUTURE.

Dans toutes les saisons, on peut engraisser à l'étable, et l'été presque exclusivement avec des herbes fraîches, des feuilles de choux, des raves, qui rafraîchissent les animaux ; c'est une bonne pratique de commencer toujours la pouture par des végétaux frais; elle ne peut être pratiquée avantageusement, au foin, que dans les contrées où une grande partie du sol est en prairies naturelles, donnant des fourrages très-nourrissants, comme dans quelques contrées montagneuses sans être trop élevées : telles sont quelques localités du Limousin, où l'on engraisse des bœufs de douze à quinze ans avec de l'excellent foin. L'opération dure six mois ; mais si, au lieu de n'y employer que du foin pur, on y mêlait du bon regain sec, elle serait moins longue. La ration journalière d'un bœuf limousin à l'engrais peut être évaluée à 25 kilog., tant foin que regain, pesant, au commencement de l'engrais, 350 à 400 kilog.; ce foin profiterait mieux, s'il était, en partie du moins, haché, trempé dans de l'eau chaude, et s'il était salé.

Dans la Bresse, les engraisseurs distribuent journellement à leurs bœufs d'engrais 15 à 20 kilog. de fourrage sec, avec 10 kilog. de racines cuites et 10 kilog. de maïs mélangé avec du son. L'opération dure à peine trois mois. De même que la Normandie est la province de France où il s'engraisse le plus de bœufs à l'herbe, la Bresse est celle où l'on fait le plus d'engrais de pouture.

Sur quelques montagnes voisines de Lyon, la pomme de terre cuite est la base de l'engraissement de pouture. Ailleurs, c'est la carotte, ou le panais, ou la betterave; chaque contrée a ses ressources et ses procédés de pouture.

On engraisse en peu de temps avec les résidus de fécule, d'alcool, surtout de sucre indigène.

On a remarqué que les grains germés engraissaient plus rapidement les animaux qui en étaient nourris, que ceux qui étaient donnés dans leur état naturel. L'analyse comparative de l'orge crue et de l'orge germée, analyse que nous devons à M. Proust, donne pour résultat que, dans l'acte de germination, l'ordéine, principe peu nutritif, a été réduite de 55 à 12 p. 100, et que la gomme, le sucre et l'amidon ont augmenté le premier de ces deux principes de 11 p. 100, le second de 10 p. 100, et le troisième de 24 p. 100. Si l'on n'arrêtait pas la fermentation à temps convenable, tout le principe sucré se transformerait en alcool (esprit de vin).

L'engraissement de pouture exige beaucoup plus de soins et d'intelligence que celui de pâturage.

La propreté est une condition essentielle pour le succès de l'opération. L'étable doit être assez vaste pour que chaque bête puisse se coucher commodément en tout sens; on conseille de la curer et d'y renouveler la litière le plus souvent possible; cependant on peut y laisser du fumier, pourvu qu'il ne soit pas sous les bêtes. C'est ainsi que les Flamands l'accumulent au milieu de l'habitation, où les bêtes sont sur deux rangs; elles ne sont point enfoncées dans la fange, et elles se trouvent sous l'influence d'une humidité favorable à l'engraissement. On attache peut-être trop d'importance à la production abondante d'un excellent fumier, et on ne songe pas assez à la santé des animaux et au succès de l'opération.

On ne doit pas négliger le pansage. On a remarqué que, pendant cette manœuvre, les bœufs de pouture éprouvaient une sensation agréable, qui, se réfléchissant sur l'estomac, devait augmenter l'énergie digestive. Toutes les frictions rudes sont utiles pour faciliter le gras en dehors. On cesse de les employer sur la fin de l'engrais. Les lotions d'eau tiède, que l'on met en usage dans certains pays sur les bœufs de pouture, nettoient et assouplissent la peau; elles calment, mieux que le pansage, le prurit, qui, surtout au commencement de l'opération, accompagne une espèce de mue; on fait quelquefois dissoudre, dans cette eau, du savon noir. On a remarqué, en Angleterre, qu'en bornant cette lotion à quelques parties du corps, c'est sur elles qu'on déterminait l'afflux de la graisse.

MANIÈRE D'OPÉRER LA TRANSITION DE LA NOURRITURE ORDINAIRE A CELLE DE L'ENGRAISSEMENT.

L'expérience et le raisonnement indiquent assez que cette transition doit s'opérer peu à peu. « Je regarde comme mal fondés, dit Pabst, les principes de certains engraisseurs, qui veulent que, dès le début, on force sur la nourriture, afin, disent-ils, d'activer davantage les organes de la sécrétion et la graisse. » Il peut être avantageux de donner, dès le commencement, des substances très-nourrissantes et en même temps émollientes, comme, par exemple, l'eau blanchie avec des matières farineuses, afin de préparer les organes digestifs ; mais on atteindrait mal ce but en doublant tout de suite la quantité de nourriture jusqu'alors donnée. Un bœuf qui, pendant longtemps n'a eu que 10 kilog. de foin, en mangera 20, si on les lui donne, surtout si on s'entend à les lui bien préparer ; néanmoins, il ne pourra s'approprier immédiatement toutes les parties nutritives de cette masse de fourrage, et 15 kilog. donnés pendant quelque temps, avant de passer aux 20 kilogrammes, auraient produit les mêmes résultats.

Un autre fait non moins avéré par l'expérience de tous les bons engraisseurs, c'est que, dans le commencement, les bêtes à l'engrais se contentent de toute espèce d'aliments ordinaires et augmentent plutôt en chair qu'en graisse ; qu'au contraire, plus tard, lorsqu'elles ont acquis un certain degré d'embonpoint, il leur faut une nourriture plus recherchée, et en particulier des aliments renfermant plus de substance nutritive sous un moindre volume, si l'on veut qu'elles continuent à faire des progrès dans l'engraissement. On a remarqué, en outre, que les fourrages grossiers, composés en grande partie de fibre végétale, de mucilage et de fécule brute, comme le foin, le fourrage vert, les pommes de terre, etc , influent particulièrement sur la formation de la viande; tandis que d'autres, renfermant beaucoup de gluten, de mucilage sucré, d'huile, de fécule, changée par l'effet de la fermentation, comme le grain, surtout après qu'il a été fermenté, les tourteaux d'huile, les drèches de brasseurs, etc., influent davantage sur la formation de la graisse. De ces divers faits, il résulte la règle suivante pour le régime convenable à suivre à l'égard d'un animal qui, comme cela a lieu ordinairement, se trouve dans un état moyen de maigreur lorsqu'on commence à l'engraisser.

Dans les premières semaines de l'engraissement, on augmentera peu à peu la nourriture que le bœuf a eue jusqu'alors, en y ajoutant une boisson nourrissante. Jusque-là les animaux peuvent encore être employés, soit à un travail modéré, soit à donner un peu de lait. Lorsqu'on a atteint le point où l'animal ne se soucie plus d'une augmentation de cette nourriture, et qu'il dénote un accroissement marqué, on cessera de tirer de lui tout service, et on ajoutera à sa nourriture des aliments plus substantiels et agissant davantage sur la production de la graisse. A mesure que les bêtes deviendront grasses, on supprimera peu à peu une partie des fourrages grossiers, et on les remplacera par des aliments plus nutritifs. Lorsque, au contraire, on engraisse des bêtes qui sont déjà en chair, on conçoit qu'il est plus avantageux de débuter incontinent par la ration entière de l'engraissement sans avoir besoin de régime transitoire; car il ne faut pas oublier que les animaux n'emploient à la formation de la graisse que le surplus des aliments qui leur sont nécessaires pour persévérer dans cet état, d'où il suit qu'un engraissement prompt est plus avantageux que celui qui est tiré en longueur.

Il faut mettre la plus grande régularité dans les heures auxquelles on donne à manger aux bestiaux et dans la force des rations. Le bétail qui est à l'étable s'agite lorsque les heures des repas ne sont pas ponctuellement observées, tandis que, jusqu'à ce moment, ils demeurent très-tranquilles. Il connaît aussi la ration qu'on lui donne ordinairement; lorsqu'il l'a reçue et mangée, il se livre au repos; si, au contraire, il ne l'a pas reçue en entier, il demeure inquiet. Cette régularité dans la distribution de la nourriture a contribué tellement à son engraissement, qu'une alimentation incomparablement plus abondante, mais donnée irrégulièrement, ne peut dédommager du défaut d'ordre. On peut régler de différentes manières les heures de repas et la quantité de nourriture qu'on veut donner aux bêtes; mais, quand elles ont une fois été réglées, il faut toujours les continuer sur le même pied. On tomberait dans une erreur très-préjudiciable si l'on voulait donner à manger jour et nuit sans interruption. Les animaux ruminants, principalement, ont besoin à chaque repas de remplir leur panse jusqu'à un certain point, après quoi il leur faut un long intervalle de repos, pendant lequel, couchés sur leur litière, ils puissent ruminer à leur aise; ce repos leur est indispensable, si l'on veut que la nourriture leur profite. Il suffit de donner trois fois en tout, au plus quatre fois, à manger par jour, en faisant durer chaque repas deux heures, et en les divisant en plusieurs services.

COMBINAISON DES DEUX MODES D'ENGRAISSEMENT.

Les deux modes se pratiquent quelquefois simultanément. Dans ce cas, les bœufs qui pâturent dans les prairies trouvent, à de certaines heures, dans des parcs, sous des hangars et même dans les écuries temporaires, des racines crues ou cuites, des farineux, du sel; à la faveur de ce procédé, l'opération est plus courte et plus assurée : c'est ainsi qu'ils se pratiquent en Franche-Comté.

Dans le Limousin, on met successivement en pratique les deux modes. Là, on commence par introduire, dans le mois d'août, des bœufs dans le regain, pour y rester, nuit et jour, jusque vers la mi-octobre, époque à laquelle on les fait rentrer dans l'étable, où des raves crues et coupées leur sont données avec du foin pendant un mois; on substitue ensuite à ces racines un mélange de farine de seigle et de froment délayée dans l'eau. Cette nourriture est à discrétion.

A la crèche est appendu, en face de chaque bœuf, un petit sac rempli de sel : l'animal le lèche à volonté; sa salive dissout le minéral; il boit et mange davantage, surtout il digère mieux, et s'engraisse plus vite et plus complétement.

Au reste, soit que la pouture soit absolue ou seulement mixte, il importe beaucoup de varier le régime alimentaire. Il faut bien se convaincre aussi que les mêmes substances changent de propriétés alimentaires, selon qu'elles sont entières, ou hachées, ou moulues, ou trempées, ou cuites, ou fermentées, et que, sous ces deux derniers modes, elles déterminent l'engraissement d'une manière toute particulière.

Lorsque l'engrais de pouture est prêt à s'accomplir, l'appétit diminue ordinairement et même tombe. Il importe de s'assurer si la cause en est le goût blasé, ou la faiblesse, ou la surcharge des organes digestifs. Le premier état a lieu graduellement : le bœuf regarde les aliments avec un air de dédain, il ne se remplit pas. Le deuxième état se prononce tout à coup, offre des signes d'indigestion, tels que le bâillement, la blancheur blafarde de la membrane buccale, le malaise, la difficulté de digérer due à la cessation de la rumination.

Dans le premier cas, on varie les mets, on donne les meilleurs, on les sert chauds, on les fait désirer en éloignant les repas, on prodigue les condiments, on donne du sel jusqu'à 2 hectog. par jour ; on peut ajouter de la gentiane en poudre, des baies de genièvre concassées, même un peu de vin. Dans le deuxième cas, la diète est de rigueur ; on met devant l'animal de l'eau tiède légèrement salée ou nitrée, on donne un peu d'exercice, on s'assure s'il y a digestion, pléthore réelle, inflammation. Dans ce cas, il faudrait recourir aux moyens thérapeutiques indiqués.

EFFETS DE L'ENGRAISSEMENT.

Le premier effet de l'engraissement est l'*embonpoint*. Il est caractérisé par la disparition des interstices musculaires et des saillies osseuses, par la légèreté, la gaieté, la vigueur des animaux. Alors toutes les fonctions s'exécutent avec régularité; les excrétions et les exhalaisons sont abondantes, la transpiration est onctueuse, surtout aux ars postérieurs; les poils s'allongent, grossissent, tombent, et le volume du corps augmente à peu près de 1 kilog. par jour, soit 100 kilog. en cent jours, temps ordinaire d'une pouture favorable ; les protubérances saillantes semblent s'affaisser, les cavités extérieures se comblent. A mesure que l'engraissement fait des progrès, la gaieté diminue, et bientôt elle disparaît; en même temps la démarche devient lourde et chancelante, le corps s'arrondit, le ventre devient tombant et volumineux, et la sensibilité s'émousse. L'animal est arrivé à ce que l'on appelle le *fin gras*. « On peut, dit M. Grognier, le comparer à un fruit mûr qu'il faut se hâter de cueillir. » Plus tard, à l'hydropisie graisseuse succédera l'hydropisie cachectique ; l'animal ne pourrait pas rester longtemps en cet état, il mourrait, ou il y aurait résorption de graisse, et, dans ce second cas, un nouvel engraissement serait fort difficile. L'obésité est donc une véritable maladie, dont la mort serait le terme, si l'homme ne s'empressait pas de la prévenir; et il faut que l'engraisseur s'attache à reconnaître le point précis où il ne pourrait plus, sans danger pour ses intérêts, conserver les animaux engraissés.

Indépendamment de ces inconvénients, il ne convient pas, sous le rapport économique, de pousser l'opération jusqu'au *fin gras*. Les dernières portions de graisse coûtent plus à produire que les autres; elles résultent d'aliments plus succulents, par conséquent plus chers, et d'une quantité proportionnelle plus forte; étant fournie de l'excédant d'entretien d'une plus grande masse, cette masse peut être élevée à un point prodigieux. On a vu, en Angleterre, un bœuf du Lincolnshire pesant 3,500 kilog., poids anglais (3,173 kilog., poids français). La viande de ces colosses n'est pas meilleure que celle des bœufs ordinaires; elle peut être de qualité inférieure ; néanmoins, elle devrait se vendre beaucoup plus cher pour indemniser le nourrisseur.

SIGNES EXTÉRIEURS DE L'ENGRAISSEMENT.

La graisse se forme d'abord sous la peau et entre les muscles. Ce n'est qu'après que ces parties en sont à moitié saturées qu'elle se dépose autour des viscères du bas-ventre. Ainsi un bœuf peut paraître gras aux yeux d'un homme peu exercé, et ne l'être cependant pas complétement.

MANIEMENT. — Les signes extérieurs sont des coussinets graisseux qu'on touche sur les côtes au défaut de l'épaule, sous le poitrail, entre les cuisses et le ventre, au tronçon de la queue, à l'endroit où étaient les testicules. A l'exploration de ces signes on joint l'examen de la poitrine, de l'épine dorsale, des hanches; on s'assure que les parties osseuses saillantes sont bien couvertes de chair ; il faut surtout que le dos et la croupe soient bien garnis ; encore tous ces indices n'annoncent-ils que l'état de graisse en dehors, lequel n'est pas toujours proportionné à celui de graisse en dedans. Les bœufs gras qui ont fait une longue route recèlent généralement plus de graisse que n'en annoncent les maniements, parce qu'une partie de cette substance, qui était isolée, s'est mêlée à la chair, qui est devenue plus savoureuse, à moins toutefois que la marche de ces bœufs n'ait été forcée. Dans ce cas, la graisse s'est concentrée dans un tissu adipeux durci; elle est devenue ce qu'on appelle *filandreuse*.

M. Chabert, vétérinaire, auteur d'un *Essai sur l'amélioration des animaux domestiques*, observe que les bêtes à cornes élevées et engraissées à l'air dans les pâturages ont plus de tendance à prendre de la graisse extérieurement, et que celles qui ont été élevées presque constamment à l'étable, avec du foin, des racines, des grains secs, ont une plus grande disposition à un embonpoint extérieur. La cause est que l'action de l'air froid sur la peau l'empêche de se distendre dans le premier cas, et que la chaleur constamment humide des étables produit l'effet contraire dans le second.

Les bouchers jugent, d'après la physionomie et l'allure, si un bœuf est plus ou moins gras que ne le dénotent les maniements; pèsent avec les yeux un bœuf et se trompent à peine de quelques kilogrammes; il leur suffit d'un coup d'œil rapide pour distinguer le bœuf gras qui sort de l'écurie de celui du même genre qui vient du pâturage. Le premier offre les caractères suivants : embarras dans l'attitude, plus de lourdeur dans la marche, plus de lenteur dans tous les mouvements, hérissement du poil, regard terne, longueur des ongles, traces de fumier ou celle de la carde qui a enlevé cette ordure sur les fesses, particulièrement du côté gauche, car c'est de ce côté que l'animal s'est couché le plus souvent; aussi trouvera-t-on, en l'ouvrant, le rein gauche plus volumineux, plus chargé de graisse que le rein droit.

PRODUITS DES BŒUFS ENGRAISSÉS.

Ces produits sont la viande et les issues, y compris le cuir et le suif; toutes ces matières réunies ensemble, le bœuf étant ou n'étant pas dépecé, constituent le *poids brut*. On donne, au contraire, le nom de *poids net* au poids de la viande et des os, c'est-à-dire des matières livrées à la consommation. Terme moyen, le poids brut d'un bœuf est un poids net comme 3 est à 2, c'est-à-dire que la viande et les os forment à peu près les deux tiers du poids de l'animal, et que le troisième tiers est représenté par le poids du cuir, du sang, de la tête, des pieds, de l'estomac, des intestins et des matières qu'ils contiennent, du foie, du poumon, du cœur, et enfin du suif; mais cette proportion est loin d'être constante : plusieurs circonstances peuvent la faire varier. En général, le poids des issues est d'autant plus considérable, toute proportion gardée, que les bœufs sont d'une plus petite stature.

Voici le calcul fait par sir John Sainclair des substances d'un bœuf tiré du Devonshire, tué à l'âge de trois ans et dix mois. Il pesait 719 kilog.

Suif	66	216
Peau	39	
Tête et langue	18	
Cœur, foie, poumons	9	
Pieds	8	
Entrailles, sang	76	
Viande (poids net)		503
Total égal		719

Comme on le voit, la viande fournit plus des deux tiers.

A égalité de poids, les bouchers payent généralement plus cher les animaux engraissés de pouture que ceux qui l'ont été dans les herbages ; ils savent très-bien que la viande est plus savoureuse, qu'elle se conserve plus longtemps, et que le suif en est plus ferme et plus blanc.

Les fabricants de chandelles font aussi une différence dans le suif des animaux, suivant la manière dont ils ont été engraissés; ils reprochent au suif des animaux engraissés à l'herbe d'être verdâtre, peu consistant, de faire beaucoup de déchet à la fonte, et, pour me servir de leur expression, de *n'être pas assez mûr*.

DE LA SAISON LA PLUS FAVORABLE A L'ENGRAISSEMENT.

Pabst établit en principe que, dans le choix de l'époque où l'on veut engraisser les bestiaux, on a généralement quelque égard à la convenance de la saison sous le rapport de la facilité de l'engraissement; mais que l'on considère encore bien plus l'occasion favorable de vendre et d'acheter les bêtes, et la possession de fourrage approprié à l'engraissement.

On engraisse avec peu de succès en été, à cause de la trop grande chaleur et de l'agitation qu'occasionne au bétail la multitude d'insectes qui se tiennent alors dans les étables et dans les pâturages. Le froid n'est pas avantageux non plus; néanmoins, excepté dans un climat d'une extrême rudesse, il n'est préjudiciable que lorsque les étables sont mal garanties et qu'on met les bêtes en pâturage pendant les mauvais temps. La saison tempérée est, sous ce rapport, de même que sous d'autres, la plus convenable à l'engraissement. Cette règle s'applique également au climat en général. La situation n'est pas indifférente, du moins pour l'engraissement au pâturage, qui a lieu avec moins de succès dans des endroits élevés, exposés à de grands vents, que dans des pâturages abrités. Mais la température et la convenance matérielle d'une saison sont des considérations secondaires. Ce qui doit principalement diriger l'engraisseur dans le choix qu'il fait d'une époque pour engraisser, ce sont les considérations économiques, c'est-à-dire l'occasion de vendre et d'acheter les bêtes avec profit. Or, comme à cet égard les règles varient suivant les localités et les circonstances, il est impossible de présenter des données générales.

Lorsqu'on n'engraisse qu'en petit et qu'on n'achète pas le bétail à l'engrais, on prend aussi en considération l'époque la plus favorable pour réformer les bêtes de rente et de travail. Cette circonstance est souvent en opposition avec l'occasion favorable de vendre avec profit; ce n'est, par exemple, qu'au commencement de l'hiver que l'on peut réformer les bœufs de trait; ce n'est non plus que vers cette saison que l'on aime à se débarrasser des vaches de peu de valeur. Comme ce cas a lieu chez beaucoup de cultivateurs en même temps, il arrive que le bétail d'engrais baisse subitement de prix à une certaine époque de l'année, comme, par exemple, au commencement et vers le milieu de l'hiver; tandis que, dans un autre moment, son prix augmente, parce que peu de cultivateurs se trouvent alors dans la position favorable et avec les fourrages nécessaires pour engraisser.

ENGRAISSEMENT DES VACHES.

On engraisse beaucoup moins de vaches que de bœufs en France; leur viande serait-elle de qualité inférieure? l'opération serait-elle plus difficile, plus dispendieuse? Il est reconnu que la viande de vaches bien engraissées est plus délicate que celle des meilleurs bœufs gras, et il faudrait peut-être moins de temps et de fourrage pour produire la première que la seconde; mais on devrait mettre les uns et les autres animaux dans les mêmes conditions, et l'on a généralement intérêt à s'en abstenir.

On conserve les vaches jusqu'à la vieillesse pour profiter de leurs veaux et de leur lait, et à cet âge l'engraissement n'est pas facile. Dans leur longue existence, les vaches ont mis bas souvent, elles ont été fatiguées par une mulsion excessive contre nature; plus que les autres femelles domestiques, elles ont éprouvé des ardeurs sensibles, toutes circonstances peu favorables à l'accumulation de la graisse; aussi consomme-t-on, dans les campagnes, des vaches maigres ou très-légèrement engraissées; les vaches laitières, qui fournissent aux villes du lait en nature; les beurrières, qui, à quelque distance de ces mêmes villes, donnent du beurre; celles des montagnes, qui produisent des fromages durs, susceptibles d'être gardés longtemps et transportés au loin, sont, après avoir vécu dix-huit à vingt ans, salées dans une grande partie de la France, comme on sale les porcs.

Il serait bien plus facile d'engraisser des génisses que des bouvillons, et on n'aurait pas besoin de châtrer celles-ci; mais, avant d'envoyer les uns et les autres de ces animaux à la boucherie, on veut profiter de leurs services et de leurs produits.

On croit que, lorsque les vaches ont vêlé et donné du lait, il convient de les châtrer pour en faciliter l'engraissement. Cette méthode était usitée en Allemagne dans la vue d'assimiler l'engrais des vaches à celui des bœufs, avant qu'on l'eût proposée pour réduire les vaches à la condition de machine à lait, en les dispensant de la gestation, de la parturation, de l'allaitement d'un veau dont la valeur, hors les pays d'élève, ne compense pas le déficit dans la quantité de lait.

Une vache pleine est, plus qu'une vache vide, disposée à l'engrais; aussi les nourrisseurs qui veulent engraisser des vaches s'assurent-ils de leur plénitude avant de les livrer à ce régime. Il faut qu'il soit combiné de manière à ce que l'animal puisse être envoyé à la boucherie avant le sixième mois de la gestation; après ce terme, le veau absorbe trop de nourriture, et l'engraissement s'arrête et même rétrograde.

Ce ne sont guère que les mauvaises laitières qu'on livre ainsi à l'engrais; mais souvent il a lieu sans que le propriétaire s'en mêle. Il est des vaches pleines qui, sans être nourries différemment que les autres portières, s'engraissent rapidement : certains genres d'aliments, plus que d'autres, déterminent cet effet; telles sont les pommes de terre, surtout cuites. Le propriétaire peut regarder cet événement comme fâcheux, ne trouvant pas, dans la vente de sa vache au boucher, un dédommagement suffisant de la perte du veau, surtout s'il voulait l'élever, et de celle du lait, si la bête en fournissait beaucoup, et qu'on fût à portée de le vendre en nature.

Au reste, la lactesance et l'engraissement sont incompatibles; tout au plus la bête pleine peut fournir du lait, quoique toujours diminuant en quantité, jusqu'à ce qu'elle arrive à un état d'embonpoint qu'on peut considérer comme le premier degré de l'engrais; on diminue graduellement le lait, on facilite l'accumulation de la graisse en éloignant les traites, les rendant incomplètes et les supprimant ensuite entièrement; on conseille encore, dans la vue de tarir plus tôt le lait, de mouiller de temps en temps les mamelles avec de l'eau froide. Quant aux procédés d'engraissement, ils sont les mêmes pour les vaches que pour les bœufs.

ENGRAISSEMENT DES VEAUX.

NOURRITURE.

Peu de vaches sont assez bonnes laitières pour nourrir leurs veaux jusqu'à la fin de l'engraissement; il leur faut plus de nourriture que s'ils devaient être élevés; aussi, dans les lieux où on les engraisse au lait, leur donne-t-on à chacun plusieurs nourrices, et, pour cet effet, on a habitué toutes les vaches à se laisser teter par tous les veaux.

Ailleurs, le produit de la traite de toutes les vaches est recueillis dans des baquets, et distribué ensuite en plus ou moins grande quantité, selon le volume, l'âge, l'appétit; cette méthode est suivie à Avondule, en Ecosse, et dans les environs de Londres et de Hambourg; on y nourrit les veaux à l'engrais exclusivement de lait pendant huit à douze semaines.

A Pontoise, dont les veaux de boucherie sont si justement renommés à Paris, ces jeunes animaux sont séparés de leur mère dès le moment de leur naissance; on leur présente d'abord dans des seaux le premier lait qui est sécrété après le vélage (lait nommé *colostrum*), ensuite le lait ordinaire; on leur apprend à teter en leur introduisant dans la bouche le doigt mouillé de lait; leur plongeant ensuite le mufle dans ce fluide, ils savent bientôt boire seuls.

Dans les premiers jours, c'est le lait maternel qu'on leur donne; quand il ne suffit pas, on ajoute celui d'une vache étrangère fraîchement vêlée; s'ils se refusent à boire, on leur passe les doigts dans la bouche en inclinant le vaisseau; on leur porte du lait, pendant le premier mois, le matin, à midi et le soir; dans les deux mois suivants, le matin et le soir seulement.

En supplément de ce fluide, on donne, à Pontoise et ailleurs, quatre à cinq œufs par jour, qu'on écrase dans la bouche; on ajoute un peu de farine. Sur les montagnes situées à l'ouest de Lyon, où l'on engraisse les veaux pour la consommation de cette grande ville, on fait des boulettes de forme et de volume ovales, en incorporant de la farine dans des jaunes d'œufs; on la délaye encore dans du lait écrémé, tiède, allongé d'eau.

Ailleurs, ce n'est pas dans du lait entier, mais seulement dans du petit lait, qu'on délaye cette farine; il est des contrées où, après les quinze ou vingt premiers jours, on fait prendre des soupes légères de raves, de betteraves et de pommes de terre.

Arthur Young conseille la nourriture suivante comme propre à remplacer le lait pur dans l'engraissement des veaux : deux litres de lait, six litres d'une bouillie faite avec de la farine de lin. (On pourrait avantageusement faire cuire cette farine avec du thé de foin.)

On se loue beaucoup, en Angleterre, d'une forte décoction de foin mêlée à du lait, d'abord à parties égales. Les veaux boivent, en général, cette liqueur avec la plus grande avidité ; on diminue par degré la dose du lait, et on finit par la supprimer entièrement (vers le quinzième ou vingtième jour). La bonne méthode de préparer cette espèce de thé consiste à mettre la quantité de foin qu'on juge nécessaire dans un cuvier, de verser dessus une quantité suffisante d'eau bouillante, de couvrir le cuvier et de laisser à l'eau le temps de s'imprégner du suc du foin.

Ce procédé est usité dans quelques cantons des Vosges et du Jura ; au lieu de foin, on peut employer des trèfles bien secs ; on peut encore ajouter de la farine, des racines bien cuites, de la mélasse et du petit-lait.

PROCÉDÉS PARTICULIERS DANS CET ENGRAISSEMENT.

On a remarqué que les vêles prennent plus facilement la graisse que les veaux et qu'elles ont la viande plus fine ; on attribue cette différence à la turbulence de ces derniers, et, pour les rendre plus calmes, plus tranquilles, on a pris le parti de les châtrer dans les premiers jours après leur naissance ; cet usage est suivi en plusieurs pays.

C'est dans les mêmes vues que l'on cherche à provoquer le sommeil chez ces jeunes animaux.

En Irlande, on leur fait prendre des boulettes de farine et de craie trempées dans de l'eau-de-vie.

En Flandre, on leur donne du lait chaud dans lequel on fait bouillir des têtes de pavots et délayer des œufs.

On a obtenu en Russie des veaux énormes en introduisant de la bière dans leur lait.

Lorsqu'on écrase dans la bouche des veaux quelques œufs frais, on n'a pas seulement pour but de les nourrir, on se propose encore de neutraliser, au moyen des coquilles, substances calcaires, les accidents qui se développent fréquemment dans la caillette des jeunes animaux ; cette médication est mieux remplie par les boulettes lyonnaises, où l'on fait entrer, dans la proportion d'un quart, de la craie pulvérisée ; on peut aussi, comme on le pratique ailleurs, se contenter de mettre de la craie à la portée des jeunes animaux, qui la lèchent. On mêle, si l'on veut, cette craie avec du sel ; on les laisse lécher ainsi une demi-heure avant chaque repas ; la soif et l'appétit sont augmentés, l'engraissement va plus vite, et il est poussé plus loin.

C'est une erreur de croire que les veaux, allaités même naturellement, puissent se passer de boissons aqueuses ; les bons engraisseurs ont soin de tenir constamment, devant ces jeunes animaux, de l'eau dégourdie.

Il y a des pays, dans le Nord, où les veaux à l'engrais sont renfermés dans des niches, de manière à ce qu'ils puissent se coucher et se lever sans avoir la liberté de se retourner; c'est dans ces cages, bien disposées pour l'écoulement des déjections, qu'on leur prodigue la nourriture, et ils n'en sont extraits que pour être transportés à la boucherie. On voit, dans quelques étables, dix à douze de ces cages rangées à la suite les unes des autres, et disposées comme celles qui servent à l'engraissement des chapons; comme elles ne seraient pas assez exiguës pour interdire les mouvements aux veaux dans les premiers jours, on a soin de les y attacher; on les délie quand ils remplissent à peu près toute la capacité de cette espèce d'*épinette*.

Dans le pays de Waës, en Flandre, les loges des veaux sont tellement étroites, qu'il faut les y faire entrer à reculons, de manière qu'ils ne bougent plus pendant tout le temps de l'engrais.

Nous ne regardons pas cette méthode comme indispensable, mais nous n'en sommes pas moins convaincu que le repos absolu, le silence et l'obscurité, sont des moyens d'engraissement pour les veaux, par la même raison qu'ils seraient des obstacles au développement de leurs forces s'ils devaient être élevés.

BÉNÉFICES DE L'ENGRAISSEMENT ;

SES AVANTAGES SOUS LE RAPPORT DE L'ÉCONOMIE SOCIALE.

Le bénéfice de l'engraissement est subordonné à l'abondance et au prix des fourrages. Le cultivateur qui en achète fait toujours une mauvaise spéculation; celui qui engraisse dehors et à l'étable doit sacrifier pour chaque bœuf une étendue de pré qui suffirait au pâturage de deux bœufs de travail ou de deux vaches bonnes laitières; d'un autre côté, les bœufs à l'engrais sont beaucoup plus difficiles que les autres bêtes bovines sur leur nourriture; ils dédaignent un grand nombre de plantes dont s'accommodent les chevaux ; les plantes grossières, rebutées, pullulent, et la prairie se détériore graduellement.

Si l'herbage était porté à l'étable, il ne faudrait pas le tiers de la prairie livrée au pâturage pour alimenter le bœuf à l'engrais. C'est, au reste, fort rarement qu'on apporte à l'étable de l'herbe verte pour engraisser les bœufs; il serait cependant utile de commencer, quand on peut, par ce genre d'alimentation.

L'engrais de pouture, bien plus rationnel, comme nous l'avons dit, que celui de pâturage, se fait avec du foin, des racines, des farineux, des huileux, des résidus de fabriques; il dure environ cent jours en Bresse et sur les montagnes voisines de Lyon; on y évalue à 1 fr. le prix de la ration journalière de chaque bœuf; il a acquis 100 kilog. et se vendra 100 fr. de plus qu'il n'a coûté, bénéfice net, la valeur du fumier; c'est, du moins, le calcul de plusieurs engraisseurs; mais ils assimilent le prix du marché à celui de production, en évaluant à 1 fr. la dépense journalière d'un bœuf à l'engrais; car ce n'est pas à une certaine distance de toute ville que 20 ou même 25 kilog. de foin, pas plus que les fourrages équivalents à cette quantité, valent, pour le producteur, 1 fr. Dans quelques localités du Limousin ou de la Manche, par exemple, où la journée d'un homme vaut à peine 70 c., on nourrit largement un bœuf à l'engrais de pouture à moins de 75 c., et ce bœuf, dirigé vers la capitale, y colporte à peu de frais le foin, les raves, les pommes de terre, la farine de seigle et de blé noir qu'il a changés en viande et en graisse; et, sans l'industrie de l'engraissement, ces fourrages n'eussent pas été produits, ou le producteur n'en eût trouvé qu'un emploi beaucoup moins avantageux.

Dans tous les cas, c'est au cultivateur à créer la plus grande quantité de fourrage possible, car la prospérité de l'agriculture est dans l'abondance du fourrage; il en vendra le plus qu'il pourra s'il est à portée des casernes, des hôtelleries, et il verra s'il lui convient d'employer l'excédant de la nourriture de ses bêtes de travail et de ses montures à l'élevage, à la laiterie ou à l'engraissement; il se déterminera, à cet égard, d'après les localités.

ÉVALUATION DES BÊTES GRASSES.

La méthode ordinaire d'estimation repose sur une grande pratique. Elle consiste à juger l'animal par un coup d'œil juste, et à déterminer son embonpoint en le mesurant et en le touchant. Nous avons indiqué (page 19) les signes extérieurs de l'engraissement et les parties où l'on tâte ordinairement les bœufs pour s'assurer de leur état de graisse.

Pour connaître la valeur d'une bête grasse, on doit chercher d'abord à évaluer le poids brut de l'animal, et, quand on connaît ce poids, il n'est pas difficile de connaître le poids net.

En effet, si l'on s'en rapporte aux expériences faites par les personnes les plus expérimentées sur la matière, terme moyen, le poids net de l'animal, comprenant la chair et les os, forme les deux tiers de son poids brut, et le troisième tiers est représenté par le poids du cuir, du sang, de la tête, enfin de tout ce qui se débite dans les basses boucheries.

Nous avons pensé qu'il serait avantageux pour l'engraisseur qui veut se livrer à l'engraissement en grand de pouvoir connaître, en tout temps, le poids de ses bœufs en vie sans recourir à des pesées, et, ensuite, ce que la viande pèse avec les os, en excluant de cette évaluation la tête et les extrémités des membres, qui n'ont pas de valeur.

Il trouvera ci-après une méthode qui a non-seulement l'avantage d'être exacte, mais de donner sur-le-champ la pesanteur de l'animal sur pied, et, ensuite, le poids net de la chair, ou poids de boucherie, c'est-à-dire le poids du bœuf suspendu au crochet, lorsqu'on lui a ôté la tête, les avant-bras et les intestins. Au moyen de cette méthode, l'engraisseur qui voudra connaître le poids de ses bœufs n'aura plus l'embarras de les mettre sur une balance, car cette opération est toujours très-difficile.

Quant au poids net de la viande, nous l'avons calculé d'après les agronomes anglais les plus distingués. M. Mathieu de Dombasle a donné, à ce sujet, une méthode fondée sur ce principe que le poids net de la viande est toujours dans un certain rapport avec le périmètre de la poitrine ; or, en mesurant la circonférence de l'animal, prise entre les jambes de devant, on obtient, avec le secours d'une échelle de proportion, le poids net de la viande. Indépendamment que cette échelle est très-embarrassante, même pour les personnes douées d'une grande intelligence, nous ne pensons pas que cette méthode soit exacte, et elle ne peut l'être en effet. Comme on ne mesure que la circonférence de l'animal, sans égard à sa longueur, et que cette longueur varie chez beaucoup d'animaux, il est impossible d'en reconnaître l'excellence.

METHODE

FAISANT CONNAITRE LE POIDS BRUT ET LE POIDS NET DES ANIMAUX SUR PIED SANS RECOURIR A DES PESÉES.

Pour déterminer le poids brut du bétail en vie, nous nous sommes servi des formules qu'ont fournies, sur ce sujet, M. Quetelet, directeur de l'Observatoire de Bruxelles, secrétaire perpétuel de l'Académie royale, et M. de Gasparin, de l'Académie des sciences de Paris.

Voici la loi que ce dernier a adoptée dans ses calculs ; il considère l'animal comme pesant autant qu'un cylindre d'eau qui aurait pour circonférence de base une circonférence égale au contour de la section verticale faite derrière les jambes de devant, et dont la hauteur serait les 10/11es de la longueur horizontale de l'animal, depuis la partie antérieure de l'épaule jusqu'à la perpendiculaire qui touche la partie la plus en arrière des cuisses, de sorte qu'en prenant le centimètre pour unité de longueur et le kilogramme pour unité de poids, nous avons calculé immédiatement les nombres des tables ci-après par cette formule :

$$\text{Le poids de l'animal} = \frac{10}{11} C^2 H.$$

Pour établir le poids net, nous avons pris le terme moyen parmi les rapports qu'établissent du poids net au poids brut MM. Sainclair, Stepheson et Layton Cooke, agronomes anglais.

Nous avons donc formé nos calculs d'après le rapport de 0,65 à 1, c'est-à-dire qu'un bœuf ordinaire pèsera, poids net, 0,65 de son poids brut, et pour les bœufs de première qualité 0,70.

MOYEN

DE SE SERVIR DES TABLES CI-APRÈS POUR OBTENIR LE POIDS BRUT ET LE POIDS NET DU BÉTAIL EN VIE, SANS RECOURIR A DES PESÉES.

Pour faire usage des tables ci-après, il faut se procurer un ruban ayant environ $2^m,50$ de longueur, et qui soit divisé en centimètres. Il est essentiel que ce ruban ne soit pas extensible et que les divisions marquées de chaque côté ne puissent pas s'altérer par l'usage qu'on en fait (1).

Pour connaître, soit le poids brut, soit le poids net de l'animal, il faut d'abord mesurer sa circonférence ; cette mesure se prend derrière les deux jambes de devant ; ensuite il faut mesurer sa longueur, que l'on prend depuis le devant de l'épaule jusqu'à la partie la plus arriérée des cuisses. Alors, cherchant dans la table exprimant la nature du poids que l'on désire, le nombre semblable à celui que l'on a trouvé de la circonférence de la bête, puis, suivant la ligne horizontale, vis-à-vis ce nombre, jusqu'à ce qu'on soit arrivé sous le nombre semblable à celui que l'on a trouvé de la longueur, le chiffre où l'on se sera arrêté sera le poids cherché.

EXEMPLE :

Si un bœuf a 150 centimètres de circonférence et qu'il ait 130 centimètres de longueur, ce bœuf pèsera, brut, 256 kil., et il pèsera net 166 kil. ainsi qu'on le voit par la première table (poids brut, page 30), et par la première (poids net, page 33).

(1) On trouve de ces rubans divisés en centimètres chez tous les marchands quincailliers et merciers ; mais comme ils n'ont qu'un mètre de longueur, il faut donc s'en procurer trois que l'on attachera exactement les uns au bout des autres.

1re Table. — POIDS BRUT des Bêtes à cornes en kilogrammes.

CIRCONFÉRENCE PRISE derrière les jambes de devant.	LONGUEUR EN CENTIMÈTRES DEPUIS LA PARTIE ANTÉRIEURE DE L'ÉPAULE JUSQUE DERRIÈRE LA CUISSE.															
	120	124	128	130	132	134	136	138	140	142	144	146	148	150	152	154
140	206	215	220	223	226	230	233	237	240	244	247	250	254	257	261	264
142	212	219	226	229	233	236	240	244	247	251	254	258	261	265	268	272
144	218	225	232	236	240	243	247	250	254	258	261	265	269	272	276	280
146	224	231	239	242	246	250	254	257	261	265	269	272	276	280	284	287
148	230	238	245	249	253	257	261	365	268	272	276	280	284	288	291	295
150	236	244	252	256	260	264	268	272	276	280	283	287	291	295	299	303
152	243	251	259	263	267	271	275	279	283	287	291	295	299	303	307	311
154	249	257	266	270	274	278	282	286	291	295	299	303	307	311	316	320
156	256	264	273	277	281	285	390	294	298	302	307	311	315	319	324	326
158	262	271	280	284	288	293	297	302	306	310	315	319	323	328	332	337
160	269	278	287	291	296	300	305	309	314	318	323	327	332	336	341	345
162	276	285	294	299	303	308	312	317	322	326	331	335	340	345	349	354
164	282	292	301	306	311	315	320	325	330	334	339	344	348	353	358	362
166	289	299	309	314	318	323	328	332	338	342	347	352	357	362	366	371
168	296	306	316	321	326	331	336	341	346	351	356	361	366	370	375	380
170	304	314	324	329	334	339	344	349	354	359	364	369	374	379	385	390
172	311	321	331	337	342	347	352	357	362	368	373	378	383	388	393	399
174	318	329	339	344	350	355	360	366	371	376	382	387	392	397	403	408

2e Table. — POIDS BRUT des Bêtes à cornes en kilogrammes.

CIRCONFÉRENCE PRISE derrière les jambes de devant.	LONGUEUR EN CENTIMÈTRES DEPUIS LA PARTIE ANTÉRIEURE DE L'ÉPAULE JUSQUE DERRIÈRE LA CUISSE.															
	140	142	144	146	148	150	152	154	156	158	160	162	164	166	168	170
176.	380	385	390	396	401	407	412	418	425	428	434	459	445	450	455	461
178.	388	394	399	405	411	416	422	427	432	438	444	449	455	460	466	471
180.	397	405	408	414	420	425	431	437	442	446	454	459	465	471	477	482
182.	406	412	417	423	429	435	441	446	452	458	464	470	475	481	487	493
184.	415	421	427	433	438	444	450	456	462	468	474	480	486	492	498	504
186.	424	430	436	442	448	454	460	466	472	478	484	490	496	503	509	515
188.	433	439	445	452	458	464	470	476	483	489	495	501	507	514	520	5[illegible]6
190.	442	449	455	461	468	474	480	487	493	499	506	512	518	525	531	537
192.	452	458	465	471	477	484	490	497	503	510	516	523	529	536	542	549
194.	461	468	474	481	487	494	501	507	514	520	527	534	540	547	555	560
196.	471	477	484	491	498	504	511	518	524	531	538	545	551	558	565	572
198.	480	487	494	501	508	515	521	528	535	542	549	555	563	570	576	583
200.	490	597	504	511	518	525	532	539	546	553	560	567	574	581	588	595
202.	500	507	514	521	529	536	543	550	557	564	571	579	586	593	600	607
204.	510	517	524	532	539	546	554	561	568	575	583	590	597	605	612	619
206.	520	527	535	542	550	557	565	572	579	587	594	602	609	612	624	631
208.	530	538	545	553	560	568	576	583	591	598	606	613	621	628	636	644
210.	540	548	556	563	571	579	587	594	602	610	618	625	633	641	648	656

3e Table. — POIDS BRUT des Bêtes à cornes en kilogrammes.

CIRCONFÉRENCE PRISE derrière les jambes de devant.	LONGUEUR EN CENTIMÈTRES DEPUIS LA PARTIE ANTÉRIEURE DE L'ÉPAULE JUSQUE DERRIÈRE LA CUISSE.																	
	152	154	156	158	160	162	164	166	168	170	172	174	176	178	180	184	188	192
212	598	606	614	622	629	637	645	653	661	669	677	685	692	700	708	724	740	775
214	609	617	625	633	641	649	657	665	673	681	689	698	705	713	721	737	754	769
216	621	629	637	645	653	662	670	678	686	694	702	711	719	727	735	751	768	784
218	632	641	649	657	666	674	682	691	699	707	715	724	732	740	749	765	782	799
220	644	652	661	669	678	686	695	703	712	720	729	737	746	754	763	780	797	813
222	656	664	673	681	690	699	707	716	725	733	742	751	759	768	776	794	811	828
224	668	676	685	694	703	712	720	729	738	747	755	764	773	782	790	808	826	843
226	680	688	697	706	715	724	733	742	751	760	769	778	787	796	805	822	840	858
228	692	701	710	719	728	737	746	755	764	773	783	792	801	810	819	837	855	874
230	704	713	722	732	741	750	759	768	778	787	796	806	815	824	833	852	870	889
232	716	725	735	744	754	763	773	782	791	801	811	821	830	839	849	868	887	905
234	728	748	748	757	767	776	786	796	805	815	824	834	843	853	863	882	901	920
236	741	751	760	770	780	790	800	809	819	829	839	848	858	868	878	897	916	936
238	754	763	773	783	793	803	813	823	833	843	853	863	873	883	893	912	962	952
240	766	776	786	797	807	817	827	837	847	857	867	877	887	897	907	928	948	968

1re Table. — POIDS NET des Bêtes à cornes en kilogrammes.

CIRCONFÉRENCE PRISE derrière les jambes de devant.	LONGUEUR EN CENTIMÈTRES DEPUIS LE DEVANT DE L'ÉPAULE JUSQUE DERRIÈRE LA CUISSE.															
	120	124	128	130	132	134	136	138	140	142	144	146	148	150	152	154
140.	133	138	143	144	146	149	151	153	156	158	160	162	165	166	169	171
142.	138	142	147	148	151	153	156	158	160	163	165	167	169	172	174	176
144.	141	146	149	151	156	157	160	162	165	167	169	172	174	176	179	180
146.	145	150	155	157	160	162	165	166	169	172	174	176	179	180	184	187
148.	149	154	159	161	164	166	169	172	173	176	179	182	185	187	189	192
150.	153	158	163	166	169	171	173	176	179	182	183	186	189	192	193	197
152.	157	163	168	170	173	176	178	180	183	186	188	191	193	196	199	202
154.	161	167	172	175	177	180	183	185	189	191	193	197	199	202	205	207
156.	166	171	176	180	182	185	188	191	193	196	199	202	204	206	210	212
158.	170	176	182	184	187	190	193	196	198	202	204	207	209	213	215	218
160.	174	179	184	189	192	195	198	200	204	206	209	212	215	219	221	224
162.	179	185	190	194	196	200	202	206	209	211	214	217	220	224	226	230
164.	183	189	195	198	202	204	208	211	214	217	220	223	226	229	232	235
166.	187	194	200	204	206	208	211	215	219	222	225	228	232	235	238	240
168.	192	198	205	208	211	215	216	221	225	227	231	234	238	240	244	247
170.	197	204	210	215	217	220	223	226	230	233	236	239	243	246	250	253
172.	202	208	214	219	222	225	228	232	235	238	242	245	248	252	255	258
174.	206	213	220	223	227	230	234	238	240	244	248	251	254	258	261	264

2° Table. — POIDS NET des Bêtes à cornes en kilogrammes.

CIRCONFÉRENCE PRISE derrière les jambes de devant.	LONGUEUR EN CENTIMÈTRES DEPUIS LE DEVANT DE L'ÉPAULE JUSQUE DERRIÈRE LA CUISSE.															
	140	142	144	146	148	150	152	154	156	158	160	162	164	166	168	170
176.	247	250	253	257	260	264	267	271	276	278	281	284	288	292	295	299
178.	253	256	259	263	266	270	274	277	281	284	288	291	295	299	302	305
180.	258	262	265	269	273	276	280	284	287	289	295	297	302	306	309	313
182.	263	267	271	275	278	282	286	289	293	296	301	305	308	312	316	320
184.	269	373	277	281	284	288	292	296	299	304	307	312	315	319	322	327
186.	275	280	283	287	291	294	299	302	305	309	314	319	322	326	330	334
188.	281	285	289	293	297	301	305	308	313	317	321	325	329	333	338	341
190.	287	291	295	299	304	307	312	316	320	323	328	332	336	341	345	349
192.	293	297	302	305	309	314	319	322	327	331	334	339	343	348	352	356
194.	299	304	307	312	316	320	325	329	334	338	342	347	349	355	359	364
196.	306	310	314	319	322	327	332	336	341	345	349	354	356	361	365	370
198.	312	316	320	325	329	334	338	343	348	352	356	360	364	368	372	378
200.	318	322	327	332	336	341	345	349	355	358	364	367	373	377	380	385
202.	325	329	334	338	343	348	352	357	361	365	370	375	380	385	390	393
204.	331	336	340	345	349	355	358	364	368	372	378	383	388	393	397	401
206.	358	342	347	352	357	361	366	370	375	381	385	391	396	397	405	410
208.	344	349	354	358	364	368	373	378	383	388	393	397	403	408	413	418
210.	351	356	360	365	370	375	381	385	391	396	400	406	411	416	419	427

3e Table. — POIDS NET des Bêtes à cornes en kilogrammes.

CIRCONFÉRENCE PRISE derrière les jambes de devant.	LONGUEUR EN CENTIMÈTRES DEPUIS LE DEVANT DE L'ÉPAULE JUSQUE DERRIÈRE LA CUISSE.																	
	152	154	156	158	160	162	164	166	168	170	172	174	176	178	180	184	188	192
212	418	424	429	435	440	445	451	457	462	468	473	479	484	490	495	506	518	521
214	426	431	437	443	448	454	459	465	471	476	482	489	493	499	504	515	527	538
216	434	440	445	451	457	463	469	474	480	485	491	497	505	508	514	525	537	548
218	442	448	454	459	466	471	477	483	489	494	500	506	512	518	524	535	547	557
220	450	456	462	468	474	480	486	492	498	504	510	515	522	527	534	546	557	569
222	459	464	469	476	483	489	494	501	507	513	519	525	531	537	543	555	567	579
224	467	473	479	485	492	498	504	510	516	522	528	534	541	546	553	565	578	590
226	476	481	487	494	500	506	513	519	525	532	538	544	550	557	563	575	588	600
228	484	490	497	505	509	515	522	528	534	541	542	554	560	567	573	586	598	611
230	492	499	505	512	518	525	531	537	544	550	557	564	570	576	583	596	609	622
232	501	507	514	520	527	534	539	547	553	560	567	574	581	587	594	608	620	633
234	509	516	523	529	536	543	550	555	563	570	576	585	590	597	604	617	630	644
236	518	525	532	539	546	553	560	566	573	580	587	593	600	607	614	627	641	655
238	527	534	540	548	555	562	569	576	583	590	597	604	611	618	625	638	652	666
240	536	543	550	557	564	571	578	585	592	599	606	613	620	627	634	649	663	677

TABLE DES MATIÈRES.

PARIS. — IMP. SIMON RAÇON ET Cie, RUE D'ERFURTH, 1.

ON TROUVE CHEZ LE MÊME LIBRAIRE

L'Art de gouverner les Vaches laitières, par Villet, cultivateur. Prix. . . . . 50 c.

L'Art de choisir les Vaches laitières par la nouvelle Méthode, contrôlée par l'ancienne; par Villet, cultivateur. Prix. . . . . . . 50 c.

Nouvelle Méthode de comptabilité agricole, établie par classification et d'une pratique facile; par Michel Duprat, ancien agriculteur, professeur de comptabilité agricole. In-18 jésus. Prix . . . . 1 fr. 50 c.

L'Art de découvrir les Sources propres à donner naissance à des fontaines jaillissantes ou montantes de fond; ouvrage accompagné de planches coloriées; par Paul Tournier, ingénieur civil. Prix. . . . . . 1 fr. 25

La vraie Manière d'élever, de multiplier et d'engraisser les Lapins, à la ville et à la campagne.—Moyen sûr et facile de se faire un revenu de 2,000 francs. — Industrie à la portée de toutes les classes; par Louis Ravageaux, agronome à Tricot. 3e édition. Prix. . . . . 50 c.

Nouvel Art d'élever et de multiplier les Pigeons de colombier et de volière, à la ville et à la campagne. Moyen infaillible de se faire une rente annuelle de 2,000 francs. — Industrie à la portée du pauvre comme du riche; par M. Blois, agriculteur à Saint-Jean-d'Etreux (Bresse). 2e édition. Prix. . . . . 50 c.

Nouvel Art d'élever, de multiplier et d'engraisser les Canards. Moyen de se faire un revenu annuel de 1,500 à 2,000 francs.—Industrie lucrative; par François Boutillet, ancien fermier près du Mans. Prix. . . . . 50 c.

La vraie manière d'élever, de multiplier et d'engraisser les Oies, à la ville et à la campagne. Moyen de se faire une rente annuelle de 2,400 francs.— Industrie avantageuse; par C.-L. Benoît, meunier à Châtillon. Prix. . . . . 50 c.

Nouvel Art d'élever, de multiplier et d'engraisser les Dindons. Moyen de se faire un revenu annuel de 3,000 francs; par F.-H. Chevassu, cultivateur, maire de Châtillon. Prix . . . . . . 50 c.

La vraie manière d'élever et de multiplier les Abeilles. Moyen de se faire un revenu annuel de 2,600 francs.— Industrie à la portée du pauvre comme du riche; par Auguste Lombard, fermier à Prépavin. Prix. . . . . 50 c.

Nouvel Art d'élever les Poules, les Poulets et les Chapons, soit à la ville, soit à la campagne. Moyen de se faire un revenu annuel et réel de 2,500 francs. — Industrie à la portée du pauvre comme du riche; par François Boutillet, fermier près du Mans. 3e édition, considérablement augmentée Prix . . . . 50 c.

L'Art d'élever, de multiplier et d'engraisser les Porcs, avec économie de temps et de nourriture. Moyen de se faire un bénéfice de 3,600 francs chaque année; par Célestin Bailly, fermier à Rozet-la-Lat[illegible]. Prix. . . . . 50 c.

Nouvel Art d'élever, de multiplier et d'engraisser les Moutons. Moyen de se faire un revenu annuel de 2,000 francs; par Joseph Morel. Prix. . . . . 50 c.

L'Art d'élever les Chèvres et de les faire produire, à la ville comme à la campagne, suivi de la *Fabrication des Fromages,* par un habitant du canton du Mont-d'Or. Prix. . . . . 50 c.

L'Art d'élever les Serins canaris et hollandais; par Jules Jannin. Prix : figures noires, 50 cent., coloriées. . . . . [illegible]

PARIS — IMPRIMERIE SIMON RAÇON ET Cie, RUE D'ERFURTH, 1.